ESSAIS D'AMÉLIORATIONS

DANS

LES FERMES DE LA MOSELLE.

ESSAIS D'AMÉLIORATIONS

DANS

LES FERMES DE LA MOSELLE.

DIALOGUES

D'UN

CULTIVATEUR ET DE SON VÉTÉRINAIRE

SUR

L'AMÉLIORATION DES PRINCIPALES ESPÈCES

D'ANIMAUX DOMESTIQUES,

PAR

SAMSON,

Vétérinaire à Metz, membre de l'Académie impériale de cette ville.

METZ.

IMPRIMERIE F. BLANC, RUE DU PALAIS.

1857.

PROLOGUE.

Le but de cet opuscule est de rassembler dans un court espace, à la portée de ceux de nos éleveurs qui les ignoreraient, les principes qui doivent les diriger dans les croisements et les accouplements de nos principales espèces d'animaux domestiques.

Après avoir cherché à faire ressortir l'avantage et démontré la possibilité, pour nos fermiers, de se livrer à l'élève d'animaux avant tout aptes à leur service, puis d'une facile et lucrative défaite, nous avons signalé, au triple point de vue des vices héréditaires, des mauvaises constitutions, des défauts de conformation, les individus des deux sexes qui doivent être éloignés de la reproduction. Nous avons ensuite essayé de mettre en relief les beautés qui caractérisent les bons reproducteurs. Dans l'espèce chevaline le pur sang étoffé est le type que nous proposons; mais en raison des difficultés à nous le procurer, nous y renonçons quant à présent.

Nous cherchons alors parmi les individus que nous avons sous la main ceux qui s'éloignent le moins du type modèle. Le cercle dans lequel nous avons jugé convenable de nous circonscrire ne nous permettant pas de discuter les avantages et les inconvénients qui pourraient résulter de l'alliance de telle race avec telle autre race, nous nous bornons à signaler d'une manière générale les beaux reproducteurs, en faisant toutefois à chacun d'eux, en raison du rôle que lui assigne son degré de sang et d'ancienneté, sa part dans la création du produit. — Nous exposons les circonstances dans lesquelles les accouplements consanguins (*in and in*) ne présentent pas de danger.

De même pour l'espèce bovine, nous indiquons, en faisant abstraction des races, les caractères d'une bonne laitière et d'un bon taureau, insistant sur l'âge auquel celui-ci doit entrer en fonctions, comme moyen d'obtenir des produits d'une charpente osseuse peu développée, dotés en même temps d'une grande aptitude à la lactation et à l'engraissement. Notre espèce bovine est généralement constituée de telle sorte qu'elle est apte au travail, ce qui pour nous est un contre-sens, puisque nous employons exclusivement le cheval comme machine de traction: il était donc urgent d'y apporter une réforme.

Nous traitons des maladies les plus fréquentes aux points de vue étiologique et prophylactique.

Nous passons ensuite à l'examen d'un cheval que l'on se dispose à acheter et aux précautions que l'on doit prendre dans ce cas. C'était le lieu de donner la nomenclature des vices redhibitoires et de dévoiler les ruses des maquignons.

Nous répondons à la question que l'on nous adresse sur l'empirisme comparé à la médecine vétérinaire.

Nous conseillons la réforme presque générale de notre espèce porcine, trop haut montée et prenant difficilement la graisse.

Pour ce qui concerne les gallinacés, nous indiquons les signes auxquels on reconnaît une bonne pondeuse, sans oublier le cachet du bon coq.

Nous avons adopté la forme du dialogue comme frappant davantage l'esprit et fixant mieux l'attention.

Enfin, en offrant à nos éleveurs un abrégé de zootechnie et d'hygiène, nous avons voulu apporter notre grain de sable au grand édifice agricole; si nous sommes utile, nous serons amplement récompensé.

DIALOGUES

ENTRE

UN CULTIVATEUR ET SON VÉTÉRINAIRE.

I.

AMÉLIORATION DE LA RACE CHEVALINE.

LE VÉTÉRINAIRE, *arrivant dans la ferme :* Notre malade, comment va-t-il?

LE CULTIVATEUR : Aussi bien que moi; je vous ai laissé venir pour vous faire jeter un coup d'œil sur mes autres chevaux. Je serai en outre bien aise de faire une petite causerie avec vous. Les journaux, que disent-ils?

LE VÉTÉRINAIRE : Ils confirment la nouvelle de la prise de Sébastopol, annoncée hier par le télégraphe. Vous avez dû entendre ce matin le son de la Mutte se mêlant à celui du canon?

LE CULTIVATEUR : Il faut avouer que nous sommes de fiers soldats, toujours les premiers soldats du monde! Napoléon Ier avait bien raison de dire qu'il fallait rayer du dictionnaire français le mot impossible.

LE VÉTÉRINAIRE : Il est un point cependant sur lequel nous sommes inférieurs à nos voisins : sur l'élève des bestiaux. Si les chevaux seuls remportaient des victoires, nous serions souvent vaincus. Leur prix est pourtant assez élevé pour vous stimuler.

Le Cultivateur : Vous avez raison ; il faut décidément que je me livre corps et âme à l'élève du cheval et du bétail.

Commençons par le cheval : J'entends souvent parler des chevaux anglais, des normands que l'on vend des sommes fabuleuses. Indiquez-moi donc les moyens d'en produire de pareils, s'il est possible ?

Le Vétérinaire : Pourquoi pas ? Les conditions du sol et du climat ne s'y opposent pas. Il ne vous faut plus que trois choses : *le père, la mère* et *le sac d'avoine*.

Le Père.

Le Cultivateur : Voyez si mon entier est bon ?

Le Vétérinaire : Cet étalon alezan clair, extrémités lavées et pourvues de longs poils, peau épaisse, tête empâtée, allures lourdes, est d'un tempérament lymphatique. Avec un tel reproducteur vous perdez votre temps et votre argent. Vous ne pouvez élever que de mauvais chevaux ; vous faites passer votre fourrage dans des alambics qui distillent mal. Vous savez pourtant qu'un bon cheval ne mange pas plus qu'un mauvais !

Jusqu'à présent vous n'avez élevé que pour votre consommation et je vous ai même vu acheter des chevaux. Quelques juments poulinières ce serait pardonnable : mais des chevaux purement destinés à la main-d'œuvre, c'est inconcevable !

Il faut changer de système. Au lieu d'acheter des chevaux

pour 1000 francs par année, vous pouvez en vendre pour 4000, ce qui dans une période de vingt années vous fera dans votre avoir une différence de plus de 150000 francs.

Le Cultivateur : Pour arriver à un pareil résultat, quels chevaux faut-il donc élever?

Le Vétérinaire : Des chevaux qui, avant tout, soient aptes à votre service et tels, en outre, qu'ils favorisent votre spéculation.

Éloignez de vos écuries les chevaux haut montés, minces, décousus ; rejetez les tempéraments lymphatiques, dépourvus d'énergie, de force, sujets aux anémies. Proscrivez les grosses têtes, les encolures courtes, trop chargées au détriment des autres parties. Bannissez surtout les reproducteurs affectés de maladies qui se transmettent à leurs descendants, telles que la fluxion périodique des yeux, la forme, l'éparvin, le crapaud, le pied plat. Sachez que les défauts, les vices de conformation se transmettent comme les qualités. N'oubliez pas que la création du bon cheval ne peut être due au hasard. Il faut l'étudier, la raisonner.

Dans vos accouplements il est certains principes généraux que vous ne devez jamais perdre de vue :

1° Lorsque vous associez deux individus pour la reproduction, s'ils ont le même degré de sang, c'est celui qui est issu de la souche la plus ancienne qui domine dans le produit ;

2° L'ancienneté étant égale, c'est celui qui a le plus de sang qui a la prépondérance. Or, si vous possédez des juments mal bâties d'une souche ancienne, l'étalon, quel qu'il soit, à moins toutefois qu'il n'appartienne à une race plus ancienne encore et qu'il n'ait plus de sang que vos juments, ne pourra donner des produits identiques à lui-même, tant les caractères d'ancienneté d'une race, incrustés, pour ainsi dire, dans la nature des êtres, se reproduisent avec une tenacité malheureuse, quand ces caractères sont des défauts, heureuse, quand ce sont des qualités ;

3° Il est admis que la jument donne la taille et entre pour une plus large part dans la distribution des formes postérieures du produit, et que l'étalon donne le sang, l'énergie, en un mot coopère plus puissamment au principe moteur de la machine ;

4° L'expérience a aussi démontré que les deux reproducteurs étant égaux, sous les deux rapports du sang et de l'ancienneté, les produits femelles ont plus de ressemblance avec les mâles, et *vice versà*.

De ce qui précède, il découle que la jument qui n'a pas beaucoup de sang ni d'ancienneté, mais qui est douée cependant d'une bonne constitution, d'une belle charpente, conviendra parfaitement à un étalon de sang. En effet, celui-ci transmettra sans obstacle, sans antagonisme de la part de la jument, ses caractères au produit de l'accouplement. Vous préférerez donc cette dernière jument, qui n'a pas de sang ni d'ancienneté dans sa race, à celle qui, provenant d'une souche ancienne, aurait des caractères que vous ne désirez pas retrouver dans ses descendants.

Il est superflu de vous dire que la jument de pur sang bien bâtie sera toujours la meilleure; car, puisqu'elle n'a que des qualités, vous ne craindrez pas qu'elle domine dans le produit de l'accouplement.

Le Cultivateur : Avec tous ces raisonnements, qui ne sont pas très-clairs pour moi, vous ne m'avez pas encore dit au juste quel étalon je dois me procurer.

Le Vétérinaire : Le cheval apte à l'agriculture d'abord, favorisant en outre votre spéculation, doit réunir à un certain poids une taille telle qu'il soit propre à l'arme de l'artillerie. Il lui faut du sang et en même temps de l'étoffe.

« Voyez-vous cet étalon bai brun, marqué de feu, nez de » renard, 1 mètre 58 centimètres, à tête sèche, courte, » carrée, front large, œil vif et gros, aux larges narines, » à l'encolure sortie, dégagée vers la tête, au garrot saillant, aux épaules longues et obliques, à la poitrine large » et profonde. Il a le dessus droit, le rein large, court, un » peu proéminent, la croupe horizontale, la hanche large, » la queue bien portée. Voyez ses jarrets larges bien évidés, » articulés bas comme les genoux, ses canons courts, plats » et larges, ses tendons détachés ; voyez son boulet un peu » aplati et rapproché du pied. Remarquez les saillies des » muscles des avants-bras et des fesses, les interstices qui » les séparent. L'œil se plaît à considérer ses aplombs. Son » pied est irréprochable. Voyez-le en mouvement : à peine » effleure-t-il le sol. Il vient de parcourir quatre kilomètres, » et déjà vous pouvez compter toutes ses veines faisant » saillie sur une peau fine, revêtue de poils soyeux, laissant voir le mouvement isolé de chaque faisceau musculaire. Présentez-lui une jument, il hennit, il trépigne, il » vomit par les yeux et les naseaux la flamme qui le » dévore. »

Croyez-moi, si vous trouvez ce cheval ne l'échappez pas.

Le Cultivateur : Je n'en connais pas de semblable ; et puis, si j'en rencontrais un pareil, il faudrait frapper monnaie pour l'acheter.

Le Vétérinaire : Si vous ne trouvez pas exactement cela, du moins rapprochez-vous-en le plus possible. Si vous ne pouvez vous procurer très-bon, du moins vous pouvez trouver meilleur que ce que vous avez.

Choisissez un ardennais, un breton, un percheron que je

ne rejette pas, bien que l'expérience ait fait justice des prétendus percherons que l'administration, dans des vues louables, a fait introduire il y a quelques années dans notre département, par l'intermédiaire, et c'est là le tort qu'elle a eu, de gens étrangers à la science hippique. Choisissez ce que vous voudrez, pourvu qu'il soit d'une race un peu ancienne, qu'il ait une petite tête, un œil vif, qu'il ne s'éloigne pas trop, sous le rapport de la charpente, du type que j'ai signalé plus haut. Avec un étalon semblable, sans arriver à la perfection, vous pourrez du moins créer des chevaux plus avantageux que les crétins que vous donne votre reproducteur. Vous y arriverez d'autant plus vite que vos juments ne sont pas mauvaises. Elles ont d'assez belles formes. Comme elles manquent de sang, votre étalon dominera facilement dans le produit des accouplements, en raison de son ancienneté relative et de sa bonne constitution.

Évitez de faire l'acquisition d'un étalon provenant d'un premier croisement. Quelque beau qu'il soit, il ne vaut rien que pour être castré; car s'il a de belles formes, la nature ne lui a pas donné le droit de les transmettre. Ainsi que je vous l'ai dit plus haut, pour transmettre il faut posséder depuis longtemps. Il est donc d'une grande importance, lorsque vous voulez vous procurer un étalon, de vous informer de sa généalogie, au double point de vue du sang et de l'ancienneté. Vous savez que les animaux, comme les plantes, transportés d'un pays meilleur dans un pays moins bon, ont une tendance à dégénérer.

Le Cultivateur : Je suis suffisamment édifié en ce qui concerne le père. Voyons maintenant ce que vous allez me dire au sujet de la mère?

La Mère.

Le Vétérinaire : Ainsi que je vous l'ai dit plus haut, la jument donne la taille au produit ; l'étalon donne le sang, l'énergie. Cela posé, vous devez tenir à ce que vos juments soient bien conformées. Ne prostituez donc pas le vaillant coursier à de viles cavales, comme nous le voyons faire chaque jour par le préposé du gouvernement, palefrenier qui a seul l'intendance de l'industrie chevaline d'un département. Que résulte-t-il d'un principe aussi vicieux? que le flanc maternel n'offrant ordinairement au fœtus ni l'espace nécessaire à son libre développement, ni les éléments d'une saine et robuste constitution, le poulain apporte en naissant, avec le tempérament ardent de son père, la débilité et la défectuosité organiques de sa mère. Vous obtenez, en un mot, des ficelles qui ont de la volonté sans force pour l'accomplir.

Le portrait que je vous ai fait du mâle convient aussi à la femelle ; seulement celle-ci doit avoir le corps un peu plus long, doit être un peu moins haute du devant, plus large du derrière. Il ne faut pas néanmoins qu'elle ait un gros ventre. Ce n'est qu'après plusieurs gestations que cette partie doit offrir, à l'état de vacuité, plus d'ampleur que chez le mâle. Une poulinière de trait doit avoir environ $1^{m},60^{c}$, un large poitrail, un corps bien arrondi, les reins larges, beaucoup d'ampleur dans l'avant-bras et les cuisses, les jambes un peu courtes, les jarrets larges, le paturon court, le front large et plat, l'œil gros et limpide.

Prenez garde de faire saillir cette jument par un mauvais étalon, la première fois surtout ; car, ce qui paraît surprenant, ce qui pourtant est démontré par l'expérience, le premier produit a de l'influence sur les gestations ultérieures.

Avec une semblable poulinière et un pur sang étoffé, vous aurez un bon demi-sang, comme le cheval de chasse anglais (*hunter*), propre à toutes espèces de service. Avec une pouliche demi-sang et un pur sang, vous obtiendrez un 3/4 sang. Enfin, en continuant, vous arriverez au pur sang.

C'est alors que vous trouverez dans l'élève du cheval une source de fortune, quand même tous les produits de votre exploitation seraient exclusivement employés à sa nourriture. Et, certes, vous ne nierez pas ce que j'avance, quand je vous aurai donné la certitude qu'en Angleterre on a refusé, d'un cheval (*l'Éclipse*), la somme fabuleuse de 500 000 francs. Cet étalon ne couvrait pas une jument à moins de 52 guinées (1 200 francs). Il en a sailli quelques-unes ; car, parmi ses enfants, on a compté 334 chevaux qui furent couronnés en diverses occasions, et gagnèrent à leurs maîtres plus de 160 000 livres sterlings (4 millions de francs).

Le Masque, étalon remarquable, exigeait pour une saillie 2 500 francs.

King Hérod a laissé 497 fils qui, par les prix qu'ils remportèrent, valurent à leurs propriétaires plus de 5 millions de francs.

Tous ces fameux coureurs descendent de *Darlay Arabian*, étalon arabe, et de *The Godolphin Arabian*, de race barbe. Ce dernier fut acheté à vil prix à Paris, où il traînait la charrette d'un porteur d'eau.

Tels furent les ancêtres des plus fameux étalons anglais, obtenus par des croisements successifs, dont les premiers s'effectuèrent avec nos fortes juments boulonnaises que nous enlevaient à tous prix nos voisins d'outre-mer. N'est-il pas humiliant de se voir si inférieurs quand, surtout, on a fourni soi-même à l'étranger les éléments à la fois d'une si grande richesse et d'une puissance comme machine de guerre qui, le cas échéant, pourrait tourner contre nous?

Le Cultivateur : Vous excitez mon zèle, il est vrai, mais vous me menez trop loin.

Le Vétérinaire : J'avoue que je vous ai fait sortir de la sphère dans laquelle vous pouvez agir. Il ne faut cependant pas vous exagérer les difficultés. Une jument de trait bien large, bien conformée vous donnerait, avec un arabe, un produit passable ; avec un anglais demi-sang étoffé et, surtout, avec un pur sang, vous obtiendriez quelque chose de mieux, en ne perdant pas de vue que pour votre service il vous faut des chevaux d'un certain poids.

Enfin, à défaut de ces deux types, choisissez, comme je vous l'ai déjà dit, un bon ardennais, un entier quelconque qui ait un peu de cachet, une tête légère carrée, une encolure un peu longue ; car, ce qui déprécie beaucoup nos chevaux de trait, c'est la briéveté de l'encolure.

On trouve, dans toutes les races, des chevaux qui ont de bonnes têtes, du garrot, la côte ronde, le rein court, large, qui ont de bons membres et qui savent s'en servir : cherchez et vous trouverez. Mais, je vous en supplie au nom de vos intérêts, débarrassez-vous de votre étalon lymphatique qui a de la laine aux jambes ; qui ne vous donnera, avec sa grosse tête et son rein bas, que des produits sans vigueur, sujets à la fluxion périodique, aux eaux aux jambes, aux crapauds ; des produits qui réclameront chaque jour l'intervention du vétérinaire. Lorsque vous voudrez les vendre, après en avoir tiré de mauvais services, vous n'en trouverez rien ; vous serez la première victime de votre incurie. Vous aurez, en outre, la douleur de voir votre pays indéfiniment tributaire de l'étranger. Je vous en conjure, si vous ne pouvez pas faire très-bien, faites moins mal.

Le Cultivateur : Vous avez oublié de me dire à quel âge il convient de mettre en relation les reproducteurs mâles et femelles?

Le Vétérinaire : A l'âge auquel l'un et l'autre ont acquis leur complet développement. Cet âge varie selon le degré de sang des individus : tel animal, le cheval pur sang, n'est formé qu'à sept ans ; tel autre, le cheval commun, est arrivé au *summum* de son accroissement à quatre ans. Mon intention n'est pas de vous engager à vous priver, jusqu'à l'âge de sept ans, des saillies d'un étalon de sang ; je dis seulement qu'à cinq ans il donnera des produits inférieurs à ceux dont il sera le père à sept ans. Les premiers seront plus arrondis, plus empâtés, auront les os moins denses, moins développés, seront plus disposés à l'engraissement, auront moins d'énergie, moins de fond que les produits ultérieurs dont les formes plus sèches, plus accentuées, les os plus compactes, plus développés, les muscles mieux dessinés, attesteront sur leurs aînés une supériorité notable.

Quant aux chevaux communs, bien que l'on puisse déjà les livrer à la reproduction à quatre ans, il n'en est pas moins vrai qu'ils donneront plus tard aussi des produits meilleurs. Lorsque l'étalon est trop vieux, la charpente osseuse de ses produits prend un développement trop considérable au détriment du système musculaire. On rencontre plus fréquemment autour de leurs articulations des exostoses qui les déprécient en gênant leurs mouvements. Ces exostoses, comme les autres maladies héréditaires, franchissent quelquefois plusieurs générations, pour reparaître plus tard. N'oubliez pas que la consanguinité, elle aussi, a une influence particulière sur le développement des maladies héréditaires. N'alliez donc pas le frère et la sœur. Préférez l'accouplement de la pouliche avec son père à celui du fils avec sa mère. Par ces unions incestueuses (*in and in*, propagation en dedans), les anglais ont parfois obtenu de bons résultats, mais avec des sujets de beaucoup de sang et exempts de défauts. D'autres ont éprouvé des déceptions et ont vu, au bout d'un certain nombre de générations, des sujets s'affaiblir à un tel point qu'ils étaient frappés de stérilité. La consanguinité est donc dangereuse, surtout s'il s'agit de chevaux communs, dont la race n'est pas ancienne et bien acclimatée.

Le Sac d'avoine.

Le Cultivateur : Qu'entendez-vous par là ?

Le Vétérinaire : Je comprends dans ce mot les soins à donner à la mère pendant la gestation, la manière de traiter le poulain, le cheval, dans toutes les périodes de sa vie, non-seulement au point de vue de l'alimentation, mais encore sous le rapport des autres conditions hygiéniques où vous devez le placer. En vain aurez-vous obtenu un beau produit si vous n'observez pas à son égard les règles d'une bonne hygiène.

Lorsque vous mettez en parallèle la chétive cavale d'un pauvre hère avec le vaillant coursier que monte un empereur, ne dites-vous pas, frappé d'étonnement : Est-il possible que deux êtres aussi disparates sortent de la même souche ? Quelles sont donc les causes qui ont pu produire sur l'un un tel abâtardissement? Ce sont les croisements mal entendus, la mauvaise nourriture et le manque de soins. Si, par une entente vicieuse, on peut faire descendre un animal aussi noble à un tel degré de dégénération, il est possible aussi, en le plaçant dans des conditions appropriées à sa nature, de le faire remonter à la longue, sinon à la hauteur de son type primitif, du moins de s'en approcher. Pour y parvenir, il faut considérer le cheval, non comme un herbivore, mais bien comme un granivore. Son appareil masticateur, le peu de capacité de son estomac le démontrent péremptoirement. Il réclame pour s'améliorer, même pour ne pas dégénérer, des aliments qui, sous un petit volume, renferment beaucoup de principes nutritifs.

Pendant la durée de la gestation, qui est de onze à douze mois, la mère réclame des soins particuliers, surtout si elle nourrit un fœtus en même temps qu'elle allaite un poulain. Une alimentation substantielle, un travail léger, pas de mouvements brusques, pas de courses rapides.

Après la parturition, la jument lèche le nouveau-né pour nettoyer la peau de l'humeur visqueuse dont elle est couverte. On y excite les mères en saupoudrant le petit de farine avec un peu de sel.

Ayez soin de ne pas priver le petit du premier lait (*colostrum*) de sa mère. Il est nécessaire pour chasser de ses intestins une matière brunâtre (*meconium*) qui s'y accumule pendant la vie fœtale.

Il ne faut pas attendre le sevrage, qui a ordinairement lieu six à sept mois après la naissance, pour donner de l'avoine au poulain. Il convient de lui en faire concasser et de l'habituer le plus tôt possible à en manger. A quatre mois, s'il en mangeait un litre par jour, ce serait un bien.

Il est important de lui en faire consommer une forte ration pendant le premier hiver qui suit le sevrage. C'est ici le lieu de faire justice de l'absurde préjugé autrefois si répandu, qui faisait regarder l'usage de l'avoine chez les poulains comme produisant la fluxion périodique des yeux. L'avoine produit justement l'effet contraire, ce que je me propose de démontrer plus loin. La consommation de l'avoine n'a qu'un inconvénient, la dépense.

Depuis longtemps l'observation avait démontré qu'une notable quantité de grains, avoine ou autre, traversait l'appareil digestif sans subir l'acte de la digestion, que les grains se retrouvaient tout entiers et en pure perte dans les excréments. Pour obvier à cet inconvénient, on les concasse avant de les donner aux chevaux. En Angleterre, dans beaucoup d'établissements, on a supprimé les râteliers des écuries. A l'aide d'une machine fort ingénieuse et peu coûteuse, les grains de toutes espèces, les aliments fibreux, tout est réduit en une sorte de bouillie. De cette manière, les animaux emploient beaucoup moins de temps pour prendre leur repas et les aliments plus faciles à digérer ne subissent aucune perte. Quelques-uns, dans le but de donner de la tonicité à cette nourriture, la laissent fermenter avant de la faire consommer. Cet usage est-il bon? Des expériences faites sur une plus grande échelle nous permettront plus tard de nous prononcer.

C'est surtout dans le jeune âge, lorsque s'opère la dentition, que le poulain réclame l'usage d'aliments faciles à mâcher, tels que de l'orge cuite, des carottes, etc.

Le Vétérinaire : Un moyen d'amélioration que vous négligez et qui pourtant mérite attention, c'est l'exercice.

Par un exercice modéré, progressif dans des proportions relatives à l'accroissement des forces amenées graduellement par le temps, vous favoriserez le développement du système musculaire.

Un travail trop précoce, une marche prolongée, amènera chez de jeunes sujets une usure anticipée. Lorsque les parties blanches, les tendons n'ont pas acquis la densité nécessaire pour résister à la fatigue, ils deviennent le siége de douleurs vives; ils se raccornissent et vous donnent des chevaux déjà bouletés au moment où ils devraient commencer à travailler. Témoin les poulains de lait qui suivent leurs mères attelées à des voitures de roulage.

Le manque d'exercice favorise le développement en hauteur au détriment de l'épaisseur. Le repos prolongé, surtout, donne des membres infiltrés et empâtés aux extrémités inférieures. Il est donc indispensable, surtout dans les pays où les chevaux vont peu en pâture, que chaque éleveur ait, attenant à sa maison ou dans son voisinage, un clos destiné à servir d'arène à ses poulains, s'il veut que ceux-ci aient des membres sains, secs, de bons pieds; s'il veut qu'ils ne montent pas, par l'effet d'un long séjour à l'écurie, comme des plantes renfermées sous cloche, et cela au détriment de la première qualité du cheval, de l'énergie.

Habitations.

LE VÉTÉRINAIRE : Le cheval ne se nourrit pas seulement de ce qu'il mange, mais de l'air qu'il respire : la qualité du milieu dans lequel il vit a une grande influence sur son développement. L'air ne sort pas de la poitrine tel qu'il y est entré. Il subit, par l'acte de la respiration, une modification dans ses éléments. Il contient à sa sortie moins d'oxigène et plus d'acide carbonique. Il résulte donc que l'air qui a servi un certain nombre de fois à la respiration, devient impropre à cette fonction. Vous voyez par-là qu'il est funeste de renfermer vos animaux dans des lieux où l'air ne peut se renouveler, et qu'il est indispensable d'établir des ouvertures dans les régions supérieures de vos écuries.

LE CULTIVATEUR : Je voudrais bien maintenant connaître le moyen de guérir mes chevaux quand ils sont malades ?

LE VÉTÉRINAIRE : Pour exercer la médecine avec quelque succès, il faut l'avoir étudiée longuement et posséder le tac médical. Le cultivateur qui fait de la médecine lui-même ou qui confie le soin de ses malades à des empiriques, peut être comparé à un aveugle qui marche sur une route semée de précipices ; s'il ne tombe pas dedans, c'est un pur effet du hasard.

Je veux cependant bien vous donner quelques renseignements sur certaines maladies, surtout au point de vue de leurs causes. Je commencerai par celle qui, sans faire périr les animaux, est peut-être la plus redoutable pour notre pays, je veux parler de la *fluxion périodique*.

Fluxion périodique.

Dans quelles contrées voyez-vous plus fréquente la fluxion périodique des yeux? Dans les lieux bas, humides. Toutes les influences débilitantes, fourrages provenant de prairies basses, humides, habitations malsaines, après avoir transformé une bonne constitution en tempérament lymphatique, sont susceptibles de déterminer la fluxion périodique. Vous signaler de semblables causes, c'est vous faire entrevoir combien une affection, qui est ou transmise par hérédité ou l'effet d'agents qui ont si profondément modifié l'économie, doit présenter au praticien peu de chances de succès dans son traitement, si vous n'annulez pas l'action incessante de la cause qui l'a fait naître. Voyez dans nos régiments, la fluxion périodique y est pour ainsi dire inconnue. Voyez les chevaux de maître. Tous ces animaux ne mangent jamais de fourrages verts, peu de foin, et constamment une bonne ration d'avoine et de paille. Achetez-vous une jument de réforme pour en faire une poulinière, vous la mettez au vert, et en prolongeant ce régime, sans avoine, vous modifiez le tempérament de la bête et bientôt vous parvenez à en faire une aveugle.

Ne confondez pas les symptômes de la fluxion avec ceux de l'ictère, semblables pour un œil peu exercé. Cette dernière maladie est facile à guérir. C'est sans doute la confusion des deux maladies qui est la source de l'habileté de ces charlatans qui vous vendent des drogues contre la fluxion.

Je vous le répète, la vraie fluxion ne s'arrête dans son développement que par la destruction de ses causes. Rationnez vos chevaux ; donnez-leur des fourrages secs, bien récoltés, jamais ou peu de vert, s'il est possible ; des reproducteurs mâles et femelles doués d'un bon tempérament, à tête sèche, avec des yeux gros et limpides, des yeux de perdrix, si vous le pouvez, et bientôt vous verrez ce fléau déserter vos écuries. Ce remède, je l'avoue, n'est pas facile.

Le Vertige.

C'est encore une de ces redoutables maladies dues à des écarts de régime. L'usage prolongé d'une trop grande quantité d'aliments renfermant peu de principes nutritifs, en même temps excès de travail, voilà les causes du vertige abdominal qui fait chaque année tant de ravages dans notre département. L'appareil digestif, fatigué d'avoir élaboré une aussi grande masse de nourriture, se trouve tout à coup frappé de paralysie. Une affection aussi funeste à l'espèce chevaline a dû nécessairement porter les praticiens de tous les temps à s'ingénier en mille sens pour trouver un remède efficace à lui opposer. Jusque dans ces derniers temps elle était restée entre mes mains presque toujours réfractaire aux agents thérapeutiques les plus puissants. Enfin, bien convaincu de la nature de la maladie et guidé par une saine physiologie, j'ai employé pour la combattre un médicament qui a triomphé du mal dans la grande majorité des cas, même sur des sujets considérés comme incurables. Quoi qu'il en soit du remède et de son avenir, vous ferez bien de soustraire vos chevaux à l'influence des causes qui amènent cette maladie. Voyez encore dans nos régiments où les chevaux ont une ration en rapport avec la force des organes préposés aux fonctions digestives ; remarquez combien peu il y a de cas de vertige.

Vous avoir signalé les causes du mal, c'est vous avoir indiqué les moyens de le prévenir.

Tranchées rouges.

Lorsque votre cheval se couche, se met sur le dos, regarde ses flancs, se relève, frappe du pied, se tourmente, se couche et se relève souvent, il a les tranchées rouges (entérite suraiguë).

Traitement : Large saignée, frictions d'essence de térébenthine sur le dos et les membres, lavements tièdes, en attendant l'arrivée du vétérinaire.

Les chevaux nourris substantiellement et qui ont le sang riche sont prédisposés à cette affection, qu'il ne faut pas confondre avec l'indigestion qui réclame un autre traitement.

Hydrohemie.

La série d'années pluvieuses que nous venons de traverser, en donnant des fourrages aqueux, a profondément altéré le sang des animaux. Cette affection réclame nécessairement l'intervention d'un homme de l'art, pour la reconnaître d'abord, pour la traiter ensuite. Il est interdit aux empiriques et aux maréchaux, qui saignent et sétonnent à tout propos, de sauver un seul malade. Tout ce qu'ils sont capables de faire, c'est d'aggraver le mal.

Pleuresie, Pneumonite, Fluxion de poitrine.

Lorsqu'un cheval a la respiration accélérée, qu'il bat des flancs, qu'il ne se couche pas, ou qu'il ne reste qu'un moment couché, il a une maladie de poitrine. Le traitement de ces affections réclame tant de variétés, en raison des diverses constitutions des individus, qu'il serait dangereux de l'indiquer d'une manière absolue. Ce serait mettre un rasoir entre les mains d'un singe.

Les arrêts subits de transpiration sont les causes les plus fréquentes des maladies de poitrine, y compris le catarrhe bronchique, caractérisé par un jetage qu'il ne faut pas confondre avec la morve; maladie incurable et qui se transmet par contagion, même à l'homme.

La Gourme.

Le traitement de cette maladie, que tout le monde connaît et à laquelle presque tous les chevaux paient leur tribut, ne peut pas être indiqué d'une manière générale, car les divers tempéraments réclament des moyens différents. L'abcès sous la ganache est d'un bon augure. Lorsque sa marche est lente on en hâte la maturité au moyen d'un topique excitant. Il est prudent de séquestrer les animaux qui en sont atteints; car la maladie est éminemment contagieuse. Elle se transmet aux animaux de tout âge.

Je ne vous parlerai pas des maladies qui réclament des opérations chirurgicales. Pour traiter celles-ci avec succès, il est indispensable d'avoir des connaissances anatomiques et physiologiques.

Examen d'un cheval avant l'achat.

Je vous ai signalé les qualités que doivent réunir les bons reproducteurs des deux sexes et les principes à suivre dans les croisements et les accouplements. Je vous ai dit que les bonnes conditions hygiéniques sont un puissant auxiliaire de l'amélioration des races; il me reste maintenant à vous indiquer les précautions à prendre dans l'acquisition d'un cheval envisagé comme machine de travail.

Lorsque vous avez analysé un cheval sous le rapport de l'ensemble des formes, des aplombs, de l'âge, de la vue, de l'expression générale de la physionomie, de la robe qui, en dépit de certaines opinions, doit entrer en ligne de compte, il vous reste à examiner l'animal au point de vue non moins important des allures.

Dans toutes les allures, le corps doit participer le moins possible aux mouvements des membres.

Le pas léger, vite, opéré sans effort, est un excellent indice en faveur des autres allures.

Le trot est l'allure qui peut donner la plus juste appréciation de la valeur du cheval ; c'est, passez moi le mot, son dynanomètre.

En effet, quand un cheval trotte vite, légèrement, devant lui, sans se balancer, il est rare que ce soit un mauvais cheval ; quand il lève les pieds trop haut, qu'il jette les membres en dehors, ce qui s'appelle billarder ; quand les pieds en retombant frappent lourdement le sol ; quand avec cela le train postérieur est vacillant, vous pouvez être convaincu que si un tel cheval est bon, il ne le sera pas longtemps.

Le galop juste, souple, léger, régulier, privilége exclusif des chevaux de sang, est si peu exigé chez les chevaux communs, que, dans les achats de ces derniers, vous ne leur faites subir aucune épreuve sous ce rapport. Pour un cheval destiné à la selle, l'examen de cette allure acquiert une grande importance.

Au moment de l'achat, certains défauts peuvent vous échapper, la loi vous les garantit.

Vices redhibitoires.

Espèce chevaline, âne et mulet.

La vente de ces animaux est annulée lorsqu'ils sont atteints des vices ci-après désignés :

Vices	Durée de la garantie
La fluxion périodique des yeux. *L'épilepsie*, ou mal caduc.	DURÉE DE LA GARANTIE : Trente jours.
La morve. *Le farcin.* *La phthisie pulmonaire*, ou vieille courbature. *L'immobilité.* *La pousse.* *Le cornage chronique.* *Le tic*, sans usure des dents. *Les hernies inguinales intermittentes.* *La boiterie intermittente*, pour cause de vieux mal.	DURÉE DE LA GARANTIE : Neuf jours (Non compris le jour de la vente.)

L'action en résiliation du marché doit être intentée où le cheval se trouve et dans le délai de la garantie. Si l'animal a été conduit, dans les délais ci-dessus, hors du domicile du vendeur, les délais seront augmentés d'un jour par trois myriamètres de distance du domicile du vendeur au lieu où l'animal se trouve.

Lorsque l'on exige du vendeur une garantie pour d'autres défauts que ceux rapportés ci-dessus, tels que méchanceté, rétivité, amaurose, etc., ce qui s'appelle garantie conventionnelle, il est prudent de le spécifier par écrit, sous peine d'être non-recevable dans sa demande en résiliation de vente. Si, ce qui arrive souvent, le vendeur est de mauvaise foi, lorsque vous faites des échanges, convenez aussi par écrit de la valeur que vous donnez aux animaux que vous livrez et que vous recevez. Vous éviterez par là une foule de discussions qui ne manquent pas de surgir en cas de résiliation de marché.

Pour l'espèce bovine.

La phthisie pulmonaire ou pommelière.

Les suites de la non-délivrance. *Le renversement du vagin* ou de *l'utérus.*	**Après le part chez le vendeur.**

L'épilepsie ou mal caduc.

Pour l'espèce ovine.

La clavelée : Il suffit qu'un seul animal ait cette maladie pour entraîner la redhibition de tout le troupeau.

Le sang de rate : Cette maladie n'entraînera la redhibition du troupeau qu'autant que, dans le délai de la garantie, sa perte constatée s'élèvera au quinzième au moins des animaux achetés.

Dans ces deux cas, la redhibition n'aura lieu que si le troupeau porte la marque du vendeur.

Le vendeur sera dispensé de la garantie résultant d'une maladie réputée contagieuse, s'il prouve que l'animal, depuis la livraison, a été mis en contact avec des animaux atteints de cette maladie.

Les stipulations entre particuliers sont nulles lorsqu'elles compromettent les intérêts d'autrui. Vous ne pouvez donc vendre, même sans garantie, un cheval atteint de la morve ou du farcin.

Ruses des maquignons.

Pour masquer les vices des chevaux, les maquignons ont recours à certains moyens qui, tout frauduleux qu'ils sont, échappent ordinairement à toute pénalité.

Un cheval est-il affecté d'une boiterie chronique, on lui fait une blessure au membre boiteux, blessure dont la cure est facile et à laquelle on impute la boiterie.

Le tic avec usure des dents n'est pas redhibitoire.

Un cheval ticque sans usure ; à l'aide de la lime on lui pratique une usure artificielle qui simule l'usure produite par l'appui de la dent sur la mangeoire.

Dans le but de rajeunir le cheval on pratique sur la dent plusieurs opérations, ce qui s'appelle buriner, et en terme de marchands, faire *la malocre*.

Plus rarement on arrache les dents de lait pour les vieillir.

Quelquefois le montant large d'un licol cache une fistule salivaire.

Un cheval est-il affecté de crapauds, on le fait marcher dans la boue avant de le présenter. Levez donc les pieds des chevaux que vous voulez acheter, non-seulement pour vous assurer s'ils sont faciles à ferrer, s'ils ont les pieds plats, mais ce qui est plus important, pour voir s'ils ont des crapauds.

Lorsqu'un cheval est affecté d'un vice redhibitoire, de la fluxion par exemple, on vous garantit par écrit tous les vices redhibitoires que l'on cite en omettant celui-là. Il résulte que le billet de garantie que vous croyez avoir est un billet de non-garantie.

On profite, pour vendre un cheval corneur, du moment où il est affecté de la gourme ou d'un catarrhe. Pendant le traitement le délai de la garantie se trouve expiré.

Un cheval est-il affecté d'immobilité, comme il mange lentement, il faut bien trouver la cause de cette lenteur. C'est un reste de gourme, c'est un mal de gorge; il faut, dit le maquignon, l'oublier pendant quinze jours dans votre écurie et lui faire une bonne cuisine. Après les quinze jours de bonne cuisine, le délai passé, l'immobilité reste. L'acheteur aussi reste enfoncé.

On a vu des chevaux blancs revendus noirs le lendemain au propriétaire de la veille.

Les fausses queues ne sont pas sans exemple.

Le maquignon qui veut s'engrener avec vous, vous amène une rosse et vous tient ce langage : Prenez-moi ce cheval, servez-vous-en ; si dans huit jours il ne vous convient pas, je vous en fournirai un autre. Les huit jours expirés vous reconduisez le cheval chez son propriétaire. Je le reprendrai, vous répond-il, quand vous m'aurez prouvé qu'il a un cas redhibitoire ; du reste, il n'est plus dans le même état. C'est égal, je veux vous arranger, je vous en donnerai un autre. Vous déliez votre bourse pour faire une acquisition plus mauvaise que la première et ainsi de suite.

Lorsqu'un maquignon ne trouve pas un placement favorable du cheval que vous lui avez vendu, il essaie de vous le faire reprendre en vous disant qu'il est affecté de tel ou tel vice redhibitoire, de la fluxion périodique, par exemple, et simule un accès en introduisant dans les yeux de l'animal une substance irritante. Je ne veux pas vous faire de frais, dit-il ; je ne vous réclame que la nourriture du cheval. Vous qui n'aimez pas les procès, vous reprenez votre bête.

Une autre fois il vend votre cheval à un compère éloigné ; celui-ci, comme il est convenu, lui écrit vers la fin du délai, que l'animal est atteint d'un vice redhibitoire et qu'il va lui faire des frais s'il ne s'empresse de venir le reprendre. Votre acheteur vous transmet la lettre en disant que c'est d'autant plus contrariant pour lui qu'il avait fort bien vendu le cheval; que, du reste, il n'a rien à risquer dans cette affaire puisqu'il est dans le milieu. Pour éviter les traces d'un procès dont l'issue est incertaine, vous lui remettez, sur sa proposition, une somme de ; c'est ce qu'ils appellent battre monnaie.

Le Cultivateur : Je ne me doutais pas qu'il fallait prendre tant de précautions pour acheter un cheval, surtout pour la reproduction. Dorénavant j'y ferai attention.

Le Vétérinaire : J'ai remarqué en effet que vous et la plupart de vos confrères en agriculture, vous achetez des chevaux, même des étalons, avec autant de légéreté que si vous faisiez l'acquisition d'un mètre de toile. Vous agissez en cela aussi imprudemment que celui qui fait traiter ses animaux par des charlatans, des empiriques.

Empirisme.

Le Cultivateur : Faites-moi connaître la différence qu'il y a entre un empirique et un vétérinaire.

Le Vétérinaire : Le jeune homme qui se dévoue à l'étude de la médecine vétérinaire a souvent passé dix ans dans les colléges pour se préparer à l'intelligence des sciences auxquelles il doit être initié.

Entré dans une école, où il reste au moins quatre années, il étudie à fond, sur le cadavre, toutes les parties constituantes, tous les ressorts de la machine animale : c'est l'*anatomie*. Il passe ensuite à l'étude des fonctions des organes rangés par groupe : c'est la *physiologie*. Vous savez que dans l'exercice de ces fonctions il survient des dérangements connus sous le nom de *maladies*. C'était pour se préparer à l'appréciation exacte de ces maladies que l'élève a si bien étudié les phénomènes de la vie dans l'état normal. Guidé alors par d'habiles professeurs et par les observations de tous ceux qui l'ont précédé dans la science, l'élève marche d'un pas sûr à la connaissance de la *pathologie*. De fréquentes ouvertures de cadavres viennent confirmer les relations qu'il y a entre les symptômes des maladies et les altérations qu'elles laissent sur les animaux qui en ont été victimes : c'est l'*anatomie pathologique*.

Lorsqu'il a scruté à fond tous les replis du corps des animaux, qu'il a étudié les phénomènes normaux et morbides qui s'y passent, il cherche des remèdes à ces derniers, dans les divers règnes de la nature, par l'étude de la chimie, de la botanique, de la physique et de la pharmacie. Il apprend l'influence sur l'économie animale des nombreux agents thérapeutiques susceptibles d'obtenir tel ou tel résultat dans telle ou telle maladie, selon les constitutions des individus aussi variables que les maladies dont ils sont affectés.

Je ne vous parlerai pas de l'étude de l'hygiène, de la législation dans le commerce des animaux, de la zootechnie, de l'agriculture, etc., etc.

Le Cultivateur : J'étais loin de me douter que pour traiter les bêtes il fallait connaître tant de choses.

Et l'empirique, qu'est-il?

Le Vétérinaire : C'est un tisserand, un cordonnier ou un maréchal paresseux et inhabile dans son art, qui un jour s'avise de parcourir les campagnes et d'offrir à l'un un médicament propre à guérir toutes les maladies, à l'autre un sortilége. Comme parmi les maladies il en est qui, abandonnées aux soins de la nature, finissent par guérir, le charlatan qui est appelé pour les traiter, tout en donnant un remède contraire, ne laisse pas que de triompher ; dans ce cas le malade a eu à lutter et contre le mal et contre le remède. L'empirique, cependant, passe pour être l'auteur de la cure, jouit des honneurs de la guerre et de l'argent des imbéciles qui l'ont employé.

Il serait fastidieux et trop long de faire ici la nomenclature des mille et une absurdités que les charlatans ont à leur disposition pour extorquer de l'argent aux dupes qui ont confiance dans leurs grimaces.

Vous dire que la vogue de l'empirisme dans une localité est en raison inverse de la civilisation, c'est vous assurer qu'ils pullulent dans nos contrées qui s'en consolent en disant ; *Beati pauperes spiritu, quia regnum cœlorum est ipsis*. En attendant, il est déplorable de voir le vol et l'escroquerie, sous un certain masque, échapper à toute pénalité. Il est temps de combler une telle lacune dans notre législation.

II.

ESPÈCE BOVINE.

Le Cultivateur : Je suis suffisamment édifié en ce qui concerne le cheval. Venez visiter mes vaches.

Le Vétérinaire : C'est là tout ce que vous possédez ? Pour une exploitation aussi considérable que la vôtre, vous n'avez que dix vaches ? Vous devriez en avoir au moins trente. Le fumier qu'elles vous donneraient, abstraction faite de tout autre bénéfice, vous fournirait, en rendant votre terre plus fertile, un excédant de produits susceptible de parer à leur alimentation. Et si vous apportez en ligne de compte la vente du laitage, des veaux, des bêtes que vous engraissez et que vous remplacez par des génisses meilleures, vous verrez que depuis longtemps vous avez sous la main une mine d'or que vous avez négligé d'exploiter. Courage, il est encore temps.

Voyons la qualité de vos bêtes.

Le Cultivateur : Les voilà telles que mon père me les a laissées.

Le Vétérinaire : Comment ! il n'est jamais entré dans votre étable un homme capable de vous dire que vous avez de mauvaises vaches. Voyez donc comme elles ont la peau épaisse, les cornes volumineuses, la charpente osseuse énorme ; elles ont des fanons et des encolures comme des taureaux, et cela au détriment du train de derrière qui est étroit. Je m'en rapporte à vous, ôtez la peau et les os, que vous reste-t-il ? De telles bêtes ne sont propres ni à la lactation, ni à la boucherie; elles seraient tout au plus passables pour le travail ; mais comme vous ne les destinez pas à ce service, il résulte que vous êtes engagé dans une fausse route. Votre reproducteur mâle n'est pas en état de les améliorer.

Le Cultivateur : Tirez-moi donc de ce mauvais pas. De quelle race faut-il poursuivre l'élève ?

Le Vétérinaire : Si vous voulez du lait, prenez la hollandaise. Si vous préférez faire de la viande, choisissez celle de Durham à courtes cornes.

Il est une multitude d'autres races dont il serait trop long de vous énumérer les avantages et les signes distinctifs. Comme pour le cheval, je me bornerai à vous indiquer d'une manière générale les caractères qui constituent la bonne laitière, la bonne bête de boucherie, le bon taureau.

Le bœuf est trop rarement employé ici, je le déplore, comme bête de traction, pour m'en occuper à ce point de vue.

La Bonne Laitière.

Quelle que soit son origine, une vache sera bonne laitière si elle réunit les caractères suivants : Peau fine, sans cornes ou petites cornes, tête légère, cou dégagé, hanches larges, ventre bas, veines mammaires développées, pis volumineux sans être charnu, système osseux peu considérable. Lorsque la peau de la face interne des cuisses, des aines et du raphé présente des poils affectant la même direction que ceux de la peau des mamelles, cet indice accuse que ces dernières sont susceptibles d'un grand développement, partant une grande aptitude à la lactation. L'écusson, qui est la base du système Guénon, est à prendre en grande considération et peut servir de guide dans l'appréciation de l'aptitude à la lactation. Vous voyez que la bonne laitière réclame comparativement plus d'ampleur dans les parties postérieures.

LE CULTIVATEUR : Et la bête de boucherie, comment doit-elle être conformée ?

LE VÉTÉRINAIRE : Petitesse de cornes indique peau fine, peau fine récèle finesse de viande.

La bête de boucherie peut être développée du devant comme du derrière et présenter un ensemble qui se rapproche de la forme du cylindre. La charpente osseuse aussi peu volumineuse que possible.

Le Taureau.

LE VÉTÉRINAIRE : Toujours peau fine, peu ou point de cornes, petits os, dessus large et droit depuis les épaules jusqu'aux hanches, peu ou point de dépression en arrière des épaules. Écusson sur la face postérieure des bourses, formes générales se rapprochant de celles du tonneau au moins le ventre.

LE CULTIVATEUR : Vous êtes ennemi des os. Comment donc faire pour ne pas en produire ?

LE VÉTÉRINAIRE : C'est chose facile : faites saillir vos taureaux le plus jeunes possible, à dix mois, à un an.

Le Cultivateur : Comment voulez-vous qu'un animal qui n'a acquis qu'une faible partie de son développement puisse produire quelque chose de bon ?

Le Vétérinaire : Je vous ai dit, en parlant du cheval, qu'il était indispensable, pour donner de bons produits, qu'il eût atteint le maximum de son développement. Cela est vrai pour le cheval, parce que là vous cherchez de la force musculaire et osseuse ; mais il en est tout autrement du bœuf, celui du moins qui n'est pas destiné au travail. Ici vous voulez du lait et de la chair. Or, l'expérience ayant démontré que l'aptitude à la lactation et à l'engraissement étant en raison inverse de l'énergie vitale, il résulte qu'un taureau jeune donnera actuellement des produits supérieurs à ceux qu'il fournira plus tard, puisque jeune il jouit de la faculté de donner des descendants identiques en volume non à ce qu'il est, mais à ce qu'il doit devenir. Les premiers, dis-je, seront supérieurs à leurs puînés ; car, en raison du peu de développement de leur charpente osseuse et de leur tempérament plus lymphatique, ils seront dotés d'une plus grande aptitude à la lactation et à l'engraissement. Backwell, le fameux Backwell, n'a fait des prodiges en Angleterre, qu'à l'aide de ce système. Il avait même recours, dit-on, à des moyens artificiels, pour exciter à la copulation des jeunes taureaux chez lesquels n'était pas encore éveillé l'instinct de la reproduction.

Vous voyez qu'en choisissant même dans les races indigènes, sans vous donner la peine et sans vous occasionner la dépense de l'acquisition de reproducteurs étrangers, vous pouvez, par le seul fait de l'âge auquel vous les mettez en relation, arriver à produire dans votre bétail une notable amélioration.

Si vous faites des croisements avec des races étrangères,

ne perdez pas de vue les principes que j'ai exposés à l'article cheval, en faisant toutefois abstraction des considérations relatives à l'âge.

Hygiène.

Le Vétérinaire : L'espèce bovine demande, comme le cheval, une bonne aération dans les étables. Les laitiers qui renferment une grande quantité de vaches dans un petit espace où l'air se renouvelle peu, obtiennent, il est vrai, plus de lait ; la sécrétion laiteuse s'augmentant du défaut de sécrétion de la peau ; mais c'est toujours au détriment de la santé et de l'amélioration de l'espèce. L'éleveur, pour poursuivre fructueusement son but, doit proscrire de tels moyens.

Donnez à la vache nourrice une nourriture particulière : des végétaux cuits, racines, choux, tubercules. Le foin, la paille et les autres fourrages secs étant peu galactophores, ne leur conviennent pas.

Au moment de la naissance, saupoudrez le veau avec un peu de farine et de sel et ne négligez pas de lui faire prendre le premier lait de sa mère.

Rappelez-vous qu'une nourriture substantielle dans toutes les périodes de la vie est un puissant moyen d'amélioration des races. Cultivez les racines plus en grand. C'est par une nourriture abondante que les Anglais sont parvenus à faire des veaux qui, à quatre mois, pèsent 200 kilogrammes, et des bœufs gras de 1500 kilogrammes. La nourriture a eu sa grande part dans la perfection de plusieurs reproducteurs dont on a obtenu le prix fabuleux de 25 à 30000 fr.

Maladies.

Le Vétérinaire : La seule maladie que vous puissiez traiter dans l'espèce bovine, c'est la *météorisation*. Donnez 30 à 40 grammes d'ammoniaque dans un litre d'eau froide, et réitérez s'il y a lieu.

Part laborieux.

Il n'est pas rare de voir des vaches faire prématurément des efforts pour vêler. Ne vous empressez pas, par des manipulations maladroites, de précipiter le part qui ne doit naturellement s'effectuer que plusieurs jours après. Seulement, lorsque les eaux sont évacuées, si le veau tarde à venir, sentez avec précaution si sa position est normale. Si elle est contre nature, gardez-vous d'opérer des tractions inopportunes. Ayez recours à un homme expérimenté.

Dents branlantes.

L'espèce bovine n'a de dents incisives qu'à la mâchoire inférieure. Ces dents sont normalement mouvantes. La nature leur a donné cette disposition afin qu'elles ne blessent pas le bourrelet correspondant de la mâchoire supérieure, ce qui serait inévitablement arrivé, si elles eussent été fixes. Combien cependant de remèdes absurdes ont été appliqués pour raffermir ces dents. J'ai été appelé moi-même par des propriétaires pour traiter ce prétendu mal, ainsi que pour couper les barbes, prolongements naturels de la membrane muqueuse de la bouche.

Le *typhus*, le *charbon*, la *péripneumonie*, la *stomatite haptheuse*, sont des maladies contagieuses qui réclament la séquestration des animaux. Leur description et leur traitement ne trouvent pas ici leur place.

III.

ESPÈCE PORCINE.

Le Vétérinaire : Vos porcs à grandes oreilles sont trop haut montés. Cette race, peu féconde, est difficile à engraisser ; sa chair est grossière et fibreuse.

La taille du cochon n'est pas une chose à prendre en grande considération, car il importe peu d'obtenir 150 kilogrammes de lard avec un ou deux cochons. Le point essentiel pour vous, c'est d'élever des sujets à chair fine, faciles à entretenir en bon état, et doués surtout d'une grande aptitude à l'engraissement.

Le métis anglo-chinois, comme verrat, vous convient parfaitement. Il est déjà commun dans notre département, vous pouvez facilement vous le procurer.

Le Cultivateur : Ainsi que vous l'avez fait pour les autres espèces, indiquez-moi les caractères qui constituent les bons reproducteurs mâle et femelle, sans avoir égard à telle ou telle race ?

Le Vétérinaire : Le verrat doit avoir le corps long, cylindrique, os petits, muscles développés, poitrine large, côte ronde, dos droit, large, reins aplatis, tête courte, mince, groin fin, pointu, yeux ardents, cou court, épais, large, épaules et cuisses fortes, derniers rayons des membres courts, minces, peau douce, élastique, sans plis, soies brillantes, douces, fines.

La femelle doit avoir l'abdomen et le bassin amples, le flanc large, les mamelles volumineuses et nombreuses.

La truie entre en rut dès l'âge de six à huit mois. Le temps de la gestation est de cent quinze à cent vingt jours.

Le verrat n'est propre à couvrir la femelle qu'à l'âge d'un an, et les petits sont plus beaux et plus robustes quand il en a deux.

Le verrat est très-prolifique. Il peut faire de cinq à six saillies par jour. S'il est libre avec les truies, il en effectue un plus grand nombre ; mais alors il dépérit et ses descendants se ressentent de sa faiblesse.

Hygiène.

Bien que le cochon soit omnivore, qu'il mange avec la même gloutonnerie les substances animales et végétales, même les plantes vénéneuses, telles que la ciguë, la jusquiame noire, ce n'est cependant pas une raison pour le nourrir exclusivement de racines et d'herbes. Sa santé et son amélioration réclament du grain, des farineux.

Laissez-le se vautrer dans la fange ; mais avant de le rentrer dans la porcherie donnez-lui les moyens de se laver. Il est indispensable de les tenir sainement dans une étable sèche et aérée. Renouvelez souvent sa litière et variez sa nourriture. Pendant les chaleurs de l'été, faites-le rentrer au milieu du jour au lieu de le laisser exposé en plein midi, étendu sans ombre, sans eau, sur un sol brûlant. C'est à l'omission de ce soin qu'est dû le développement de l'érysipèle gangréneux (*feu saint Antoine*), si fréquent aux époques des grandes chaleurs.

Les reproducteurs mâles et femelles, affectés de ladrerie, doivent être éloignés de la reproduction.

Le Cultivateur : Le sol de ma ferme ne me permettant pas d'élever des moutons avec avantage, je ne vous ferai aucune question à ce sujet ; mais dites-moi un mot sur la poule.

IV.

LA POULE.

LE VÉTÉRINAIRE : Le coq et la poule, bien que d'une valeur insignifiante considérés individuellement, sont tellement répandus, que leur amélioration comporte une certaine importance.

Des signes particuliers font connaître la fécondité des poules et l'aptitude du coq comme producteur.

Les signes d'une bonne pondeuse sont :

1° La crête bien développée et d'un rouge foncé ; 2° Les barbillons de même couleur ; 3° L'oreillon ou disque auriculaire, d'un blanc mat ; 4° L'artichaut étalé en houppe.

(PRANGÉ).

La crête : Vous connaissez sa position.

Les barbillons : Ce sont des appendices charnus, de même composition que la crête, et situés au-dessous de la gorge. Ils sont au nombre de deux.

L'oreillon est une surface ovalaire recouverte de lames épidermiques, d'une largeur plus ou moins considérable, suivant les races, située près de l'ouverture de l'oreille externe. Ce disque présente une particularité remarquable, c'est sa coloration en rouge lorsque la crête et les barbillons se décolorent.

L'artichaut : On entend par-là l'anus et son pourtour

garnis de plumes fines, soyeuses, très-touffues et disposées comme les feuilles d'un artichaut en saillie hémisphérique, d'autant plus étalée qu'on approche du moment où a lieu le maximum de la ponte.

Un indice d'une moins grande valeur cependant, c'est la rougeur de la peau qui entoure les paupières.

Si la couleur bleuâtre des pattes ne milite pas en faveur de la fécondité, du moins elle ne lui est pas hostile. Cette coloration se rencontre chez les volailles qui ont la chair tendre et de l'aptitude à l'engraissement. Ce sera toujours une qualité. La coloration jaunâtre des pattes est le triste privilége des volailles voraces qui ne font ni chair ni graisse.

Sans préconiser telle ou telle race, il faut, en général, que la poule soit assez élevée sur pattes, qu'elle ait le corps volumineux, le dos large, les ailes médiocrement développées, le ventre saillant, les plumes fournies et bien disposées. Quant à la coloration des plumes on ne peut en tirer aucune induction certaine.

La nature des excréments est aussi à considérer. Ils doivent être blanchâtres. Cette coloration indique qu'ils contiennent les éléments calcaires susceptibles de former l'enveloppe extérieure de l'œuf.

En résumé, les signes principaux auxquels on reconnaît une bonne pondeuse sont par ordre de valeur :

La crête. — Les barbillons. — L'oreillon. — L'artichaut. — Le pourtour des paupières. — La nature des excréments. — La couleur des pattes.

Les qualités d'un bon coq sont la jeunesse, la vigueur, le plumage brillant, la haute stature, la crête bien développée, rouge, dentelée, les barbillons pendants et larges, les pattes bleuâtres, les éperons situés en dedans, la queue volumineuse, les plumes lustrées.

En choisissant dans la race commune qui est la meilleure, les sujets qui présentent ces caractères, on arrivera à une grande amélioration.

Ne livrez pas à la reproduction les coqs à crête mince et pendante. Tuez les poules querelleuses, turbulentes, chanteuses.

Poule qui chante,
Prêtre qui danse,
Femme qui parle latin,
N'arrivent jamais à belle fin.

Si vous voulez faire des croisements, je vous conseille de prendre la poule cochinchinoise, qui est déjà commune.

Hygiène.

Il faut, aux poules, de la chaleur, de la tranquillité, l'éloignement des lieux humides exposés aux émanations putrides. Les poulaillers doivent être exposés au midi et au levant. Le sol sera, autant que possible, d'argile battue, entretenu sec et recouvert d'un peu de sable. Le foin des nids sera renouvelé chaque semaine.

L'eau sera limpide,
Les aliments variés.

Si vous avez des œufs dont l'enveloppe extérieure est molle (œufs hardés), donnez plus fréquemment du grain et de temps en temps de la craie délayée dans la boisson.

Verminières.

Pour économiser le grain, on peut nourrir les poules avec des vers. Pour cela on creuse un fossé, on en tapisse le fond d'un lit de paille de seigle hachée, de seize à dix-huit centimètres de hauteur. On recouvre cette paille d'une couche de crottin de cheval, ensuite d'une couche de terre; sur cette dernière on répand du sang, du marc de raisin, du son, des débris quelconques d'animaux. On recouvre le tout de larges pierres, de broussailles, pour empêcher la volaille d'y gratter. Bientôt toutes ces matières entrent en putréfaction, donnent naissance à des milliers de vers dont chaque jour on va prendre une partie selon ses besoins.

Conservation des œufs.

Vous n'ignorez sans doute pas que pour conserver des œufs il faut intercepter l'air autour de leur coquille, soit en les trempant dans l'huile, en les couvrant d'eau de chaux, soit en les plaçant dans du sable ou de la sciure de bois, toujours dans un lieu sec et d'une température peu élevée.

V.

USAGE DE LA CHAIR DES ANIMAUX.

Hippophagie.

Le cheval est un animal trop noble et appelé à rendre à l'homme trop de services pour être destiné à devenir sa pâture. Cependant, lorsque un cheval jeune succombe victime d'un accident, sa chair est excellente pour la nourriture de l'homme Ses éléments constitutifs sont identiques à ceux de la viande du bœuf. Elle a été formée par les mêmes aliments : elle n'a aucune odeur repoussante. D'où vient donc notre aversion pour cet aliment?

Les Germains, nos ancêtres, avaient une grande prédilection pour la chair du cheval. Voués au culte d'Odin, chaque année ils immolaient à ce dieu une certaine quantité de chevaux blancs. Le sacrifice consommé, la fête se terminait par un banquet où l'on mangeait la chair des victimes.

Plus tard, lorsque le paganisme a fait place au christianisme, les missionnaires, dans l'intérêt de la propagation de la foi nouvelle, ont proscrit certaines coutumes, surtout celles qui se rattachaient aux anciens sacrifices. Le pape Grégoire V lui-même, au huitième siècle, déclara la chair du cheval impure et ceux qui en usaient immondes. Il adressa à saint Boniface, archevêque de Mayence, une lettre dans laquelle on remarque le passage suivant : « Vous m'avez marqué que quelques-uns mangeaient du cheval sauvage, et la plupart du cheval domestique, ne permettez-pas que cela arrive désormais, très-saint frère, abolissez cette coutume par tous les moyens qui vous seront possibles et imposez à tous les mangeurs de chevaux une juste pénitence. Ils sont immondes et leur action est exécrable. »

C'est donc une affaire de religion et non la qualité de la viande du cheval qui en a éteint l'usage parmi nous. Il n'en est pas de même partout. En Danemarck, on voit des boucheries spéciales pour la viande du cheval. Pourquoi une semblable nourriture serait-elle bienfaisante dans les villes assiégées et se transformerait-elle en un aliment malsain pour les classes ouvrières auxquelles une alimentation corroborante fait défaut? Donc, sans donner à la chair du cheval la prédominance sur celle du bœuf, nous disons que, dans les temps de disette, on peut tirer parti de tous les vieux chevaux, et, dans les temps prospères, faire usage de la chair des jeunes que des accidents rendent impropres à remplir le but auquel ils sont destinés.

Quant à la viande de bœuf, j'ai eu plusieurs fois occasion de remarquer que l'on a de la peine à la débiter à prix très-minimes, même celle qui provient de bêtes que l'on sacrifie lorsqu'elles vont succomber aux suites de la météorisation.

En admettant qu'une bête ne soit pas sacrifiée lorsque la mort est immédiate, qu'elle meurt par la météorisation, c'est une véritable asphyxie ; la viande n'en est que meilleure, plus tendre, et dépourvue de toute espèce d'odeur, si l'on a la précaution de ne pas tarder à vider les intestins. L'asphyxie est, du reste, un mode employé dans les boucheries en Angleterre, comme préférable à tout autre.

Peu importe que le sang, qui en définitive est l'élément constitutif de la chair, reste dans les vaisseaux quelque temps après la mort.

Lorsqu'une vache est sacrifiée parce que chez elle le part est laborieux et contre-nature, en un mot parce qu'elle ne peut vêler, il est évident encore que sa chair ne doit inspirer aucune répugnance.

VI.

BAUX.

Le Vétérinaire : Avant de vous quitter, je dois vous faire observer que votre fumier est mal placé. Vous voyez ce liquide noir qui s'en échappe pour aller empoisonner les poissons de la Moselle, c'est toute la partie active de votre engrais, c'est de l'eau chargée d'ammoniaque.

Lorsque vous voulez obtenir d'une plante son principe actif, vous la soumettez à la macération ou à la coction, et vous employez son extrait comme médicament, sans faire aucun usage de la partie fibreuse, du canevas de la plante. Il en est de même de votre fumier : la partie restante vaut beaucoup moins que l'eau chargée d'ammoniaque que vous avez perdue. Placez-le donc de manière que rien ne s'en écoule ; conduisez-le le plus souvent possible dans vos terres et enfoncez-le plus vite encore pour obvier à l'évaporation de ses principes fertilisants. J'ai remarqué que vous n'avez pas de fosse à purin ; c'est une chose indispensable.

Le Cultivateur : J'ai derrière chez moi un petit pré où coule, par une pente naturelle, le purin qui provient de mon étable, et j'ai eu souvent l'occasion de constater que ce pré me donne moins de produits que ceux qui sont abandonnés, sans engrais, aux soins de la nature. Voilà la cause pour laquelle, loin d'attacher du prix à ce liquide, je lui ai même attribué une influence malfaisante.

Le Vétérinaire : C'est ici le lieu d'appliquer le mot d'un auteur ancien : *Nimium vitiosum est ;* l'excès est vicieux partout. Votre pré ne produit rien parce qu'il reçoit du purin trop concentré et en trop grande quantité. Pour vous fixer sur le degré de concentration auquel il convient d'employer cet engrais liquide, faites l'expérience suivante : Prenez une certaine quantité de purin, cent litres par exemple, versez-les sur une étendue donnée de terrain, un are. A côté et sur la même étendue de terrain, versez aussi la même quantité de liquide étendu de moitié d'eau. Établissez encore d'autres proportions entre l'étendue de terrain et le degré de concentration du liquide, et vous arriverez à reconnaître facilement par les récoltes que vous ferez, quel est le meilleur purin.

Voilà les moyens d'expérimentation qui étaient hier à la disposition de votre intelligence.

Aujourd'hui, grâce à l'heureuse application à l'agriculture d'un procédé qui repose sur un phénomène électro-chimique, et qui est dû aux laborieuses recherches d'un agriculteur-chimiste, M. Emilien Bouchotte, de Metz, vous pouvez, sans la moindre connaissance de chimie, à l'aide d'un appareil simple, peu coûteux, déterminer la quantité d'ammoniaque existant dans un liquide. Ceci posé, lorsque vous saurez qu'un engrais liquide contenant un chiffre donné d'ammoniaque a produit sur vos terres de bons effets, l'année suivante il vous sera facile, à l'aide de l'appareil-Bouchotte, que je baptiserai du nom d'*ammoniamètre*, il vous sera facile, dis-je, de vous assurer, avant d'employer votre engrais, s'il contient le degré d'ammoniaque le plus fertilisant.

C'est en cela surtout, ce me semble, que la découverte de M. Emilien Bouchotte trouvera une heureuse application. Vous pouvez aussi par le même procédé, qui se popularisera plus tard, explorer la valeur d'un terrain, eu égard aux sels ammoniacaux qu'il contient.

Le Cultivateur : Bien que je ne fusse pas suffisamment édifié sur la valeur des engrais liquides, j'ai pourtant engagé depuis longtemps mon propriétaire à me faire construire des fosses à purin ; mais il s'est toujours refusé à cette dépense ainsi qu'à celle que lui occasionnerait la construction d'écuries plus spacieuses, plus saines.

Le Vétérinaire : Votre propriétaire, en causant votre ruine, agit bien contrairement à ses intérêts ; car s'il ne vous donne pas les moyens de faire de bonnes affaires, sa ferme tombera en discrédit et vous serez dépouillés tous deux, ainsi que ceux qui vous succéderont.

Le Cultivateur : Je n'insiste plus sur ces réparations, attendu que l'on voudrait m'en faire supporter les frais, attendu surtout que mon bail touche à sa fin et que j'aurais travaillé pour le roi de Prusse.

Le Vétérinaire : Combien y a-t-il de temps que vous exploitez cette ferme ?

Le Cultivateur : Huit ans.

Le Vétérinaire : Et déjà vous partez ? A peine avez-vous eu le temps de faire connaissance avec votre terre.

Le Cultivateur : Que voulez-vous ? Aujourd'hui les propriétaires donnent leurs fermes au dernier offrant et plus enchérisseur, sans se préoccuper s'il fera des affaires, s'il pourra payer. Aussi vous en voyez de ces martyrs qui, dans un seul bail, mangent tout leur bagage, et force à eux, de maîtres qu'ils étaient, de se métamorphoser en domestiques. Il existe encore, mais rares comme des perles, de ces bons propriétaires sourds aux augmentations que viennent leur offrir des ennemis de leurs fermiers ou des gens qui n'ont pas envie de payer. Que ceux-là du moins reçoivent ma bénédiction.

Vous savez quelle avance de fonds il faut faire pour entrer dans une ferme. Pour exploiter 200 hectares, je vous défie de vous monter avec 40 000 fr. Ce capital, en raison des dangers qu'il court, devrait rapporter des intérêts plus élevés que les capitaux placés dans des conditions ordinaires. Accordez-moi toutefois qu'il rapporte 5 pour cent, ce qui nous donnera 2 000 fr. ; mon travail vaut bien 1 000 fr., celui de ma femme 300 fr., celui de mes cinq enfants réunis 1 200 fr. Je devrais donc avoir à la fin de chaque année, pour mon travail et mon capital, 4 500 fr. Allez voir s'ils viennent ; je suis bien aux antipodes de cette situation. Je ne suis même pas parvenu à me nourrir, j'ai mangé de l'argent. En louant les fermes aujourd'hui, on ne met pas en ligne de compte la main-d'œuvre, dont le prix va toujours croissant et nous tue.

Le Vétérinaire : Si le capital de 40 000 francs représenté par votre matériel est exposé, vous admettrez bien aussi qu'il est susceptible de se bonifier. C'est pour arriver à ce résultat que je vous conseille des améliorations dans vos bestiaux dont vous devez augmenter la qualité et le nombre dans l'espèce bovine, la qualité seulement dans l'espèce chevaline.

C'est en vain que vous m'objecterez la difficulté de faire assez de fourrages pour suffire à leur alimentation. Rappelez-vous que la terre n'est pas ingrate, elle rend ce qu'on lui donne. Il y a entre le règne végétal et le règne animal un échange constant et réciproque. La terre donne des plantes aux animaux ; ceux-ci lui donnent des excréments et leurs dépouilles.

Il est évident que par la culture plus en grand des prairies artificielles vous diminuez vos frais de main-d'œuvre, ayant en outre plus de matériaux à faire consommer vous pourrez avoir plus de bestiaux ; d'un côté économie de main-d'œuvre, de l'autre augmentation de produits par les bestiaux, et comme conséquence inévitable, au point de vue de la fumure, amélioration du sol.

Comparez le revenu d'un hectare semé par exemple en minette et dans lequel vous promenez des moutons, avec le revenu d'un hectare que vous semez en avoine. N'oubliez pas dans cette comparaison les frais de main-d'œuvre, la semence et surtout l'état du sol après l'une ou l'autre récolte.

L'état du sol ne vous inquiète guère, vous qui partez de votre ferme. Il faut avouer que la briéveté des baux est en France un grand obstacle à bien des améliorations. En Angleterre, la plupart des baux de ferme ont la durée d'un siècle. Lorsque le fermier entre en jouissance on estime la propriété, et à sa sortie il entre pour moitié dans la mieux-value. — Qu'en résulte-t-il ? que le fermier se considérant comme propriétaire ne craint pas de faire des frais pour des améliorations dont il profite, pour le drainage par exemple. La longue durée des baux de ferme est, ce me semble, une des principales sources de la richesse du sol en Angleterre, et leur briéveté est en France un obstacle au même résultat.

Le Cultivateur : Vous êtes réellement affecté d'anglomanie.

Le Vétérinaire : Je ne suis ni anglomane ni anglophabe ; je prends mes modèles où je les trouve. N'est-ce pas là que les animaux ont acquis, sans nuire au nombre, le plus haut degré de perfection ?

Le drainage, les instruments aratoires perfectionnés, une foule de bonnes méthodes agricoles ont été mises en usage dans la Grande-Bretagne avant de pénétrer chez vous.

En résumé :

Si vous voulez faire de meilleures affaires dans votre nouvelle exploitation il est indispensable :

1° D'améliorer vos bestiaux ;

2° De cultiver plus en grand les prairies artificielles et les racines, de diminuer par cette voie vos frais de main-d'œuvre en augmentant vos produits, et finalement en améliorant le sol, surtout si vous avez une meilleure entente à l'endroit des engrais ;

3° De vous mettre à la hauteur de l'époque en ce qui concerne les instruments aratoires ;

4° De vous entendre avec votre propriétaire pour les frais de drainage dans toutes les terres qui le réclameront. Votre capital alors rapportera 50 pour cent.

Sortez donc de votre apathie. Mettez en pratique le précepte de l'Évangile : *quœrite et invenietis;* cherchez et vous trouverez. Mettez-y de la constance, de la tenacité, et vous viendrez à bout de tout. Imitez votre mère : la France, quand elle est abaissée, ne se décourage pas ; elle cherche et trouve un homme pour la relever.

VII.

RÉSUMÉ.

Amélioration de l'espèce chevaline.

Pour faire un cheval il faut trois choses : le père, la mère et le sac d'avoine.

Quel est le cheval qu'il convient d'élever?

Le pur sang étoffé. En raison des difficultés, cherchons dans les sujets que nous avons sous la main les moyens sinon d'atteindre le but, du moins de nous en éloigner le moins possible.

Choix de l'étalon.

Choix de la jument.

Le sac d'avoine, qui comprend la nourriture et les soins à leur donner ainsi qu'à leurs produits.

Exposé succinct des maladies les plus fréquentes au point de vue de leurs causes.

Vices redhibitoires.

Ruses des maquignons.

Empirisme.

Espèce bovine.

Les qualités qui constituent les bons reproducteurs des

deux sexes. Mêmes considérations, mêmes principes à suivre, excepté à l'endroit de l'âge du reproducteur mâle, point sur lequel nous insistons.

Hygiène.

Maladies.

Espèce porcine.

Quelle est la race dont il faut poursuivre l'élève.

Hygiène.

La Poule.

Signes auxquels on reconnaît une bonne pondeuse.

Usage de la chair des animaux.

Considérations sur la durée des baux.

Avantages d'un long bail.

Ammoniamètre d'Émilien Bouchotte.

FIN.

www.ingramcontent.com/pod-product-compliance
Ingram Content Group UK Ltd.
Pitfield, Milton Keynes, MK11 3LW, UK
UKHW020421180726
13839UKWH00003B/1362

9 782329 603490